地壳

上地幔

下地幔

内地核

外地核

小爱因斯坦
XIAO AIYINSITAN

SHENQI XINGQIU
DA BAIKE
神奇星球大百科

HUOSHAN

HE DIZHEN

火山和地震

（英）North Parade 出版社◎编著　　段晓丽◎译

云南出版集团　晨光出版社

目录

地球内部

地球由不同的地层组成，这些地层早在地球还很年轻酷热的时候就形成了。地层被强大的地心引力吸引在地球的内地核上，内地核是由铁和镍组成的炽热球体。有些地层部分熔化，外面覆盖着一层固体岩石，叫做地壳。

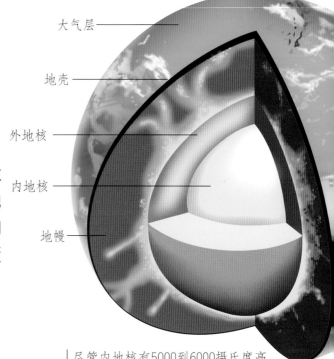

大气层

地壳

外地核

内地核

地幔

尽管内地核有5000到6000摄氏度高温，但是由于巨大的压力作用，内地核仍是固体形态。

像拼图一样……

地壳分裂为几个不规则的板块，板块在接近地表的上地幔层上漂浮。由于所有的地球板块像一套巨大的拼图一样拼在一起，因此一个板块的运动，会影响到它周围所有的板块。

当地壳上的构造板块运动时，板块交界地带经常相互碰撞。下图是两个板块滑过彼此。

当两个构造板块相互碰撞，一个板块经常会被推挤到另一个板块的下方。

摇摇欲坠……

我们用"构造"这个词来形容这些板块的运动：一些板块擦肩而过，一些连在一起，还有一些逐渐漂远。

地球上许多最迷人的地貌特征都处于板块交界处。

山脉、火山、海沟以及地震都是地球板块运动的结果。

喷火……

当两个板块断开，地幔中的岩浆
升上地表，就形成火山。岩浆剧烈爆
炸、迸发，被称作火山喷发。

火山喷发出的岩浆就成了熔岩。

火山喷发喷射出三种物
质：熔岩、岩石和气体。

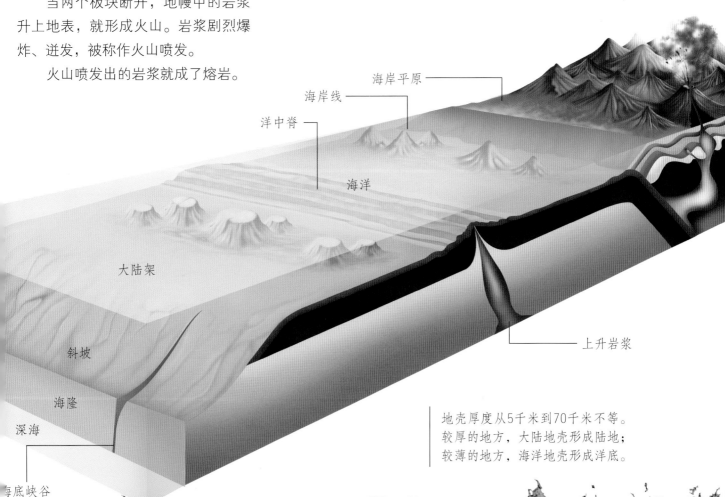

海岸平原

海岸线

洋中脊

海洋

大陆架

上升岩浆

斜坡

海隆

深海

海底峡谷

地壳厚度从5千米到70千米不等。
较厚的地方，大陆地壳形成陆地；
较薄的地方，海洋地壳形成洋底。

大自然的烟火

火山就像大自然自己的烟火，却比烟火强大得多，也危险得多。燃烧的熔岩从一座火山中喷出，发出震耳欲聋的轰鸣，制造出壮丽但是致命的火喷泉，夹带着熔岩、灰尘和火山弹等冲向天空，高达几百米。

如果熔岩中水分很多，它就会从火山侧面的通道以及火山口渗出，像一条条火焰河一般顺着山体向下流淌。这些熔岩流可以流向很远的地方，摧毁沿途的一切。

大多数火山喷发都伴随着巨大的力量，将熔岩、火球和灰尘抛向高空。

火山灰和火山烟

火山口

岩浆

岩浆通道

如我们所知，多数火山沿地球板块边界或在海底形成，这些地方地壳最薄弱，但是有一些火山在板块中部的热点上形成。

科学家们认为，当岩浆流烧穿地壳、喷出地表时，就形成了热点，这些炽烈的热流叫做岩浆柱。

岩浆房

火山喷发物逐渐堆积在火山口周围，形成火山。

人们认为热点是地球内部非常炽热的地区，一些火山在热点上形成，如夏威夷火山。科学家们至今还没有完全了解热点。

多数科学家认为，地表下有40到50个热点，但是由于热点有许多不同的定义，所以估测的数量也会有差异。

主要的热点有北大西洋冰岛下的冰岛热点、印度洋留尼旺岛下的留尼旺热点以及埃塞俄比亚东北部地下的阿法尔热点。

由于地球板块在热点上漂移，形成了包括夏威夷群岛在内的多个火山岛群。

科学家们认为，7000万年前，太平洋板块向西北方向运动，经过热点时形成夏威夷群岛。

夏威夷群岛上的考艾岛是距离疑似热点最远的有人居住的岛，拥有群岛上最古老的火山岩，可以追溯到550万年前。相比之下，夏威夷"大岛"上最古老的岩石也不到70万年。这个地区的火山活动一直在形成新的陆地。

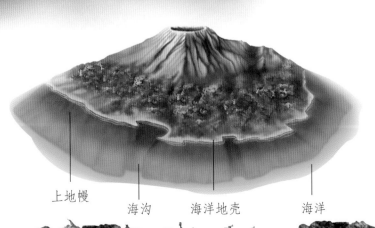

上地幔　　海沟　　海洋地壳　　海洋

海底火山喷发使大量熔岩沉积在洋底，久而久之，这些沉积物逐渐增高，直到冒出海面，形成一座新的海岛。

不同的火山

火山多种多样，科学家按照火山爆发的频率、火山的形状、火山熔岩的类型等对火山进行分类。

我们把将来可能喷发的火山叫做"活火山"，而那些科学家认为不太有可能喷发的火山叫做"死火山"。

当一座活火山喷发时，我们称之为活跃的，未喷发时称之为休眠的。

一座活火山在一次喷发之后可能会休眠很长时间，甚至会持续休眠多年，在休眠的时候就和其他山一样，甚至山顶也会落雪。但是在地表下的深处，压力可能在岩浆房中逐渐积蓄，准备着下一次的喷发。

乞力马扎罗山是一座休眠火山，终年被积雪覆盖，坐落在坦桑尼亚，是非洲的最高山。

当一座火山变成真正的死火山，它下方的岩浆就会再次沉入地球深处。

最终，火山锥经受风吹日晒逐渐消失，只剩下变硬的熔岩形成的火山塞。

当你想到火山的时候，你可能会想象它是一座有坡面的大山，而事实上火山会呈现出许多不同的形状，这取决于它的形成方式：

盾形火山：大量熔岩从火山口涌出，并四处流淌，随着时间的流逝，熔岩一层层增高，累积成一座低矮的、坡度平缓的火山。

复式火山：由熔岩和火山灰交替层层堆积而成（其他火山只是由变硬的熔岩组成）。复式火山喷发出的不是熔岩流，而是火山碎屑流。火山碎屑流是热蒸汽、火山灰、岩石和尘埃的混合物。

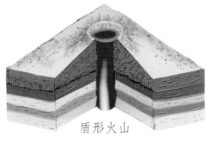
盾形火山

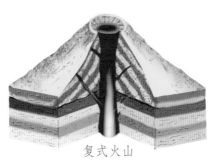
复式火山

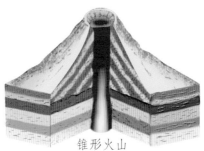
锥形火山

主要的火山地貌类型有盾形火山、锥形火山和复式火山。

当熔岩变硬，堵塞在火山口，呈现穹形堆积，就形成熔岩穹丘，这是由于火山喷发出的熔岩很黏稠，没法流得太远。

锥形火山：火山喷发出的碎石块或石渣逐渐形成圆锥形的小山，顶部有碗状火山口。

坐落于华盛顿州的圣海伦斯火山。

火山喷发的类型

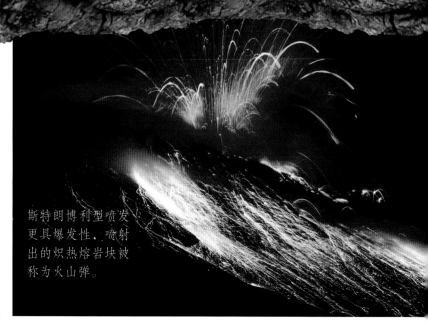

斯特朗博利型喷发更具爆发性，喷射出的炽热熔岩块被称为火山弹。

根据熔岩从火山中喷射出的方式，火山喷发分为不同的类型，主要取决于熔岩的黏度（有多黏稠）和熔岩内气体释放的难易程度。

气体会很容易从无黏性的熔岩中释放出来：当岩浆接近地表，压力减小，火山气体就会在岩浆中形成小气泡。这就像你缓慢旋开一个汽水瓶的瓶盖：压力慢慢减小，就能阻止汽水喷射出来。

气体很难从黏稠的熔岩中释放出来，压力在地表下积蓄，直到发生剧烈的爆炸，气体才能释放，爆炸会对周围地区造成大范围的破坏。

夏威夷型火山喷发往往十分温和，喷发时熔岩中水分很多，因此熔岩中的气体很容易释放出来。即使这样，岩浆有时也会从火山口喷涌而出，形成熔岩喷泉。夏威夷型火山喷发之所以这样命名，是由于它们有着夏威夷地区火山的典型特性。

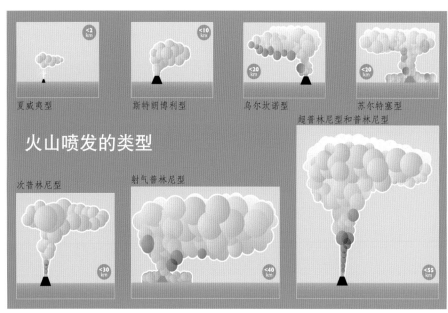

夏威夷型　斯特朗博利型　乌尔坎诺型　苏尔特塞型

超普林尼型和普林尼型

火山喷发的类型

次普林尼型　射气普林尼型

夏威夷型火山喷发通常十分温和，有着夏威夷地区火山的典型特性。

斯特朗博利型火山喷发时，熔岩稍黏稠些，熔岩中的气体在小规模爆炸中释放，爆炸会喷射出炽热的熔岩块，叫做火山弹。这种火山喷发的方式以意大利的斯特朗博利火山命名，这座火山经常这样喷发。

乌尔坎诺型火山喷发时，熔岩更加黏稠，熔岩中的气体在强烈的爆炸中释放，固体岩石和大量火山灰从火山中猛烈喷出。

普林尼型火山喷发以罗马作家普林尼的名字命名，普林尼这样描写维苏威火山喷发："我们身后升起一团浓墨似的乌云，像洪水一般席卷地球。"

普林尼型火山喷发时熔岩极度黏稠，熔岩中的气体在巨大的爆炸中释放，大量的火山灰被抛向高空。普林尼型火山喷发以罗马作家普林尼的名字命名，他记录了公元79年维苏威火山喷发的情形。

趣 闻

尽管熔岩有不同的类型，但是几乎所有类型的熔岩都含有一种叫二氧化硅的硅氧混合物，二氧化硅的含量决定了熔岩的黏度。

你知道吗？

无黏性的熔岩含水分多，与纯净蜂蜜的黏度相似。

黏性熔岩又稠又黏，像含糖的蜂蜜。

"火山（Volcano）"一词来源于罗马火神伏尔甘（Vulcan）的名字。

巨大的火山灰云从印度尼西亚苏拉威西岛罗肯火山的唐帕鲁安火山口（卡瓦唐帕鲁安）喷涌而出。

海底火山

多数火山沿地球板块交界地带形成，一般是在海底，地壳最薄弱的地方。

扩张型板块边界

当洋底板块分裂时，扩张脊形成，地幔中的岩浆沿着板块交界处涌出，岩浆冷却变硬会形成新地壳的山脉或山脊。

随着这个运动的持续，越来越多的岩浆涌出并沿中心扩散，山脊向两侧扩张，形成扩张脊。

以这种方式形成新地壳的边界，叫做扩张型板块边界。

地球板块相撞的地方形成山脉，地壳要承受巨大的力量。

消减型板块边界

大洋板块和大陆板块碰撞形成消减型板块边界，又称俯冲带，较重的大洋板块俯冲到较轻的大陆板块的下方，形成一道海沟。

大洋板块下沉，逐渐熔化，形成新的岩浆，随着时间的推移，这些岩浆会冲破大陆板块，形成新的火山。

环太平洋火山带

世界上最大的25次火山喷发中，有22次发生在一段25000英里的带状陆地和水域上，被称为环太平洋火山带（又叫"太平洋火圈"），沿太平洋的一个俯冲带而成。

"太平洋火圈"并不是一个完整的圆圈，而更像一个40000千米（25000英里）的马蹄铁形。452座火山从南美洲的最南端绵延北上，沿北美洲海岸，横跨白令海峡，南下经日本，直到新西兰。南极的几座活火山和休眠火山使这个火圈"封闭"起来。

环太平洋火山带上地震和火山喷发频频发生。

火山岛屿

海底火山喷射出的熔岩遇水迅速冷却变硬，在火山口周围形成圆锥形的山。火山伴着一次次喷发而长大，直到山顶快要接触到水面。最终，气体和熔岩喷出大海，落在火山锥上。此时，火山高出海平面，一座火山岛就诞生了。

怀特岛是新西兰最活跃的锥形火山，在过去的15万年间，随着持续的火山活动而逐步长高。

火山岛由海底火山活动形成，一层层的熔岩在火山口四周堆积，久而久之，就形成一座海底山脊，当山脊高出水面，就形成一座岛屿。

怀特岛位于丰盛湾，离新西兰北岛东海岸不远，是世界上最易接近的海洋活火山之一，吸引了世界各地的火山学家和游客，前来一睹这种持续塑造地球的神奇力量。

苏尔特塞是一座新的火山岛，离冰岛南部海岸约32千米，由1963年至1967年的火山喷发形成。

自1963年的11月首次出现在大西洋以来，苏尔特塞岛用了四年时间，围绕火山核逐渐长大，占地约2.5平方千米，海拔171米，高于海底290米。

趣 闻

1965年，冰岛政府以冰岛神话中火神苏尔特（Surtur）的名字命名苏尔特塞火山岛。

你知道吗？

2015年12月，汤加的洪阿汤加–洪阿哈派火山五年来第二次喷发，在南太平洋形成了一座新的岛屿。科学家们提醒游客，这座岛可能非常不稳定，很危险，因为它刚刚由松散破碎的岩浆和小石块形成。

"火山喷气孔（fumarole）"一词来源于拉丁文"fumus"，意为"烟"。

苏尔特塞岛的海拔因侵蚀而日益降低，但对于从世界各地赶来研究这座新岛屿上动植物生命发展的地质学家、植物学家和生态学家来说，这里仍然是个迷人的地方。

火山喷气孔是地壳上释放蒸汽和气体（如：二氧化碳、二硫化碳、氯化氢和硫化氢等）的通道。

海底山和破火山口

没有突出海平面的大的海底火山叫做海底山，较小的海底火山叫做海丘，顶端平坦的海底山叫做海底平顶山。

美国的黄石国家公园以其野生动植物和大量地热景观而闻名。

有科学家估计，海底山共占地表面积2880万平方千米，比地球上其他动植物栖息地都要大。

海底山可以高出海底几百米甚至几千米，这取决于海底山的活跃程度。

以路易斯威尔海底山群为例，它由80多座海底山组成，在南太平洋绵延4000千米，形成一个弧形，距离新西兰惠灵顿约1500千米。这些海底山起源于地表的一个热点，并逐渐随着太平洋板块的运动而缓慢地向西北方向移动。

海底山都是大的海底火山，至少高出周围的深海海底1000米，较小的海底火山叫做海丘，顶端平坦的海底山叫做海底平顶山。

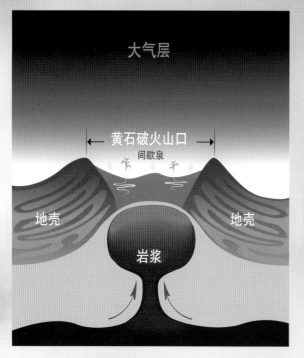

大气层

黄石破火山口

间歇泉

地壳 地壳

岩浆

人们认为，热点——从地球深处升起的静止的岩浆柱——是过去黄石国家公园超级火山喷发的原因。

热点不仅出现在大洋板块下方，也会在大陆板块下方产生。

例如，黄石热点就产生了一系列的火山景观，宽度约650千米，横跨美国三个州（怀俄明州、蒙大拿州和爱达荷州）。

黄石国家公园有着世界上最大规模的集中的水热活动，包括1610万年前火山喷发形成的麦克德米特火山区，以及活跃的黄石破火山口，它是黄石热点最年轻的景观，最后一次喷发是在64万年前，那次喷发导致了火山自身塌陷，形成了巨大的破火山口，经测量约2414平方千米。

温泉、间歇泉和泥浆池

温泉、间歇泉和泥浆池常出现在新近发生过火山活动的地区。地表水渗入地下，穿过地下的岩石，流到岩浆库周围的高温地区。这些岩浆可能很活跃，或刚刚凝固，但仍然十分炽热。

日本猕猴，也叫雪猴，常常到温泉取暖。

趣 闻

温泉中的水富含矿物质，人们认为，泡温泉澡或是饮用天然泉水都对健康有益。

温 泉

地下水源流出的水经炽热的或熔化的岩石加热，上升到地表，形成池塘，就产生了温泉。

温泉通常出现在火山附近，靠下方的岩浆房加热。

黄石公园内西拇指间歇泉盆地中的黑池温泉。

冰岛的史托克间歇泉喷发。

间歇泉

　　处于压力下的温泉叫做间歇泉，压力逐渐积聚，导致间歇泉喷发，向空中喷射出水和蒸汽。

　　间歇泉形成于地表的管状泉水通道，通道穿过地壳直达地球深处，最底部的水被岩浆烤热，进而使通道下部的水达到沸点，迫使通道中的水上行。

　　沸腾的水开始变成水蒸气，冲向地表，同时顶出通道中的水柱，造成喷发。

　　直到通道里的水全部射出，或者间歇泉内部的温度低于沸点时，喷发才会停止。

　　喷发结束后，水会重新渗入通道，整个过程会再次开始。

　　较小的间歇泉每次喷发只需几分钟，但是较大的间歇泉每次喷发周期可以持续几天。

间歇泉喷发。

黄石国家公园有300多个间歇泉，占全世界间歇泉总数的三分之二左右。其他的间歇喷泉热点分别在西伯利亚、智利、冰岛和新西兰。

在19世纪，最著名的黄石公园的"老实泉"竟被用来洗衣服。

冰岛纳玛菲珈尔地热区正在冒泡的泥浆。

新西兰怀欧塔普地热仙境
里沸腾的泥浆。

泥浆池

温泉水与土壤和地下的化合物混合，就出现了热泥浆池，有人认为在泥浆池中泡澡能治疗某些疾病。在公元前863年左右，布拉杜德王子首次发现了英格兰巴斯城的天然温泉，在这里的泥浆池沐浴后，他的皮肤病竟痊愈了。

公元前863年，在雅典学习了很长一段时间后，布拉杜德返回家乡，途中染上了麻风病，在当时的社会得了这种病是巨大的耻辱。

布拉杜德的猪也不幸患上了这种病，但是在巴斯温泉旁的热泥里打过滚后竟然好了。布拉杜德看到这神奇的情景后，也在那浑浊的热水里洗了洗澡，于是他也痊愈了。

现在，世界各地的人们都聚集在巴斯城，品尝巴斯的温泉水，拜访著名的罗马浴场。

别府地狱温泉位于日本大分县的别府市，是日本指定的国家"名胜"。

超级火山

当地幔中的岩浆上升靠近地表但未能冲破地表时会形成超级火山，随着时间的推移，压力在巨大的（并仍在增大的）岩浆池里积聚，最终以毁灭性的爆炸式喷发喷射而出。

超级火山很少，但威力巨大，破坏力远远超过单独一次火山喷发，有可能永久地改变地球上的生命。

夏威夷火山国家公园内的熔岩流。

科学家们认为最后一次超级火山喷发是在74000年前，位于苏门答腊岛。据说，当时喷出的火山灰遮阳蔽日，长达六个月，造成地球气温下降，引发全球环境变化和大量生物死亡。

夏威夷火山国家公园内熔岩区的熔岩流逐渐闭合。

当火山内部的岩浆十分黏稠，岩浆里的气体无法释放时，会发生异常猛烈的火山喷发。

有时，岩浆在通往火山喷口的管道内变硬，阻滞了岩浆流动，当压力积聚到一定程度，整个火山就会在巨大的爆炸中被炸裂。这种情形下，火山顶可能塌陷进自身的岩浆房中，形成一个巨大的火山口，被称作破火山口。

怀俄明州黄石国家公园内的黄石破火山口。

黄石国家公园内的黄石破火山口就是一个很好的例子。

黄石活跃的火山系统造成了多次超级喷发——最近的一次发生在64万年前。

在不久的将来，黄石或其他地方发生超级喷发的可能性微乎其微，我们能遇到的很可能是复式火山、盾形火山或锥形火山喷发。

冰岛斯里赫尼卡居尔火山的岩浆房内部。

火山岩

火山灰是指火山喷发时喷射出的岩石碎屑和颗粒。

火山岩是火山喷发出的岩浆形成的岩石。也可以说，火山岩区别于其他火成岩的地方就在于它来源于火山喷发。

组成地表的岩石逐层增多，不断变化，主要由三大岩类构成：

火成岩，如花岗岩，是由熔化的岩石冷却固化形成。

沉积岩，是沉积物（如岩石颗粒）经过水的沉积、埋藏并挤压进地层形成，石灰岩是沉积岩的一种。

岩石循环转化示意图

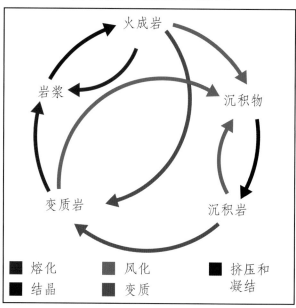

■ 熔化	■ 风化	■ 挤压和
■ 结晶	■ 变质	凝结

板岩是由沉积岩页岩变质形成。

大理石是由石灰岩重结晶变质形成，通常带有彩色的斑点或条纹。

变质岩，如大理石，是已有的岩石在高温高压作用下改造而成的新型岩石。

大多数变质岩都是沉积岩在造山运动中受热、折叠、挤压形成，也有的变质岩是在火山喷发时岩浆流喷出地壳灼烧周围的岩石形成。

火山喷发后，岩浆本身最终冷却变硬，形成火山岩，如玄武岩和浮岩。

玄武岩，黑色，质地致密，是熔岩迅速冷却形成的火山岩。

浮岩，很轻，多孔，是玻璃质熔岩的多气泡沫快速固化形成的火山岩。

由于组成变质岩的矿物经受过高温高压，形成的岩石极度坚硬。片麻岩尤其持久耐用，因为片麻岩是其他类型的变质岩改造形成。

片麻岩，由富含二氧化硅的花岗岩等变质形成。

金刚石，是地表中最坚硬的矿物，由深埋的碳经受高温高压形成。

火成岩含有不规则排列的联锁晶体，大小不一，取决于熔化的岩浆凝固的速度。

如果岩浆迅速冷却，岩石中就会形成小的晶本，常见于岩浆从火山喷发出来的情况。黑曜石和玄武岩是喷出的火山岩，是岩浆喷发并在地表冷却形成。

如果岩浆缓慢冷却，岩石中就会形成大的晶本，花岗岩和辉长岩是侵入火山岩，是岩浆在地下深处缓慢冷却形成。

花岗岩是由长石、石英和一种或多种云母等矿物组成的火山岩。

辉长岩，黑色，质地粗糙，是一种侵入火山岩，化学成分与玄武岩相同。

住在火山附近

夏威夷岛上熔岩流入太平洋。

火山能摧毁城市，造成动植物灭绝和地球气候变化。

地球上有许多不同类型的火山：活火山、休眠火山和死火山；有的火山只喷发火山灰和气体，有的火山喷射火喷泉一般的炽热熔岩，像燃烧的河流一样沿山体流淌，摧毁沿途的一切。

加利福尼亚州的天然温泉。

埃尔德菲儿火山和黑尔葛菲儿火山组成冰岛黑迈岛"城市景观"的一部分。

住在火山附近十分危险：1973年，冰岛黑迈岛维斯曼纳亚城被埃尔德菲儿火山喷发出的数吨灼热熔岩掩埋，岛上居民连续五个月向熔岩喷射海水，试图阻止熔岩流淌造成的致命危害。

但是住在火山附近也有许多好处：火山不但带来了地球上最壮丽的景观，也为山坡上的动植物提供了重要的营养物质。

火山土壤富含植物生长所需的化学成分，十分有利于种植葡萄和大米、土豆等粮食作物。农民在陡峭的山坡建成梯田，以防止珍贵的土壤被雨水冲走。

| 山村的梯田，背后是维龙嘉火山（非洲乌干达基索罗区）。

| 英国巴斯罗马浴场。

此外，许多重要的矿物质，如铜和镍，都采自火山岩。地热能（火山岩中的热能）可以用来为建筑供暖和发电。

最后，正如我们已经发现的，有人认为在富含矿物的温泉和泥浆池中沐浴对健康有利，并且能治疗某些皮肤问题。有人甚至饮用温泉水。著名的英国巴斯城温泉水含有超过43种的矿物，几个世纪以来一直吸引着络绎不绝的游客。

公元 79 年维苏威火山喷发

公元79年维苏威火山喷发是历史上最著名的自然灾难之一，火山气体、火山砾石和火山灰形成的致命云团吞噬了附近的赫库兰尼姆城和庞贝城，火山碎屑落在远及非洲和叙利亚的地方。

1860年，意大利国王维克托·伊曼纽尔二世下令发掘被掩埋的城镇，考古学家发现了保存完好的遗址，得以目睹维苏威火山脚下繁华的日常工作和生活景象。

当时，城镇的居民丝毫没有意识到他们正生活在一座致命的火山脚下。如今这些城镇已被摧毁，居民的尸体已经腐烂，岩石中留下了人体的空腔。考古学家在这些空腔里注入石膏，做成石膏像，将维苏威火山遇难者们最后一刻的情景永远留存了下来。

公元79年庞贝城灾难遇难者的石膏像。

|小普林尼。

大约在维苏威火山喷发25年后，罗马作家普林尼记录了当时目击的情形。普林尼写给历史学家塔西佗的信具有极高的历史价值，被认为是对于维苏威火山喷发的首次书面记录之一。

梵蒂冈博物馆中老普林尼的雕像。

普林尼的叔叔老普林尼注意到了维苏威上空一朵奇怪的云："大小和形状不同寻常""像一棵伞松，树干升腾上高空，又分出无数旁支"。

老普林尼正准备到近前去查看那些云，却接到了一封信，信是一位住在山脚下的女士写来的。"她对迫近的危险感到恐惧，恳求他将她救出厄运。"因此，他"改变了计划，决定去帮助更多的人……开始只是抱着一探究竟的想法，最后却成了英雄。"

趣 闻

普林尼对维苏威火山喷发的描述十分准确，现代火山学家就将这类型的火山喷发称作"普林尼型喷发"——熔岩极度黏稠，熔岩中的气体引发巨大的爆炸，大量的火山灰被抛向高空。

你 知 道 吗？

挖开层层的火山灰后，考古学家在庞贝城发现了奇观：从丢弃的盘子、食物和珠宝，到各类壁画和马赛克镶嵌画，让我们能一睹罗马人日常生活的真实情形。

公元79年维苏威火山毁灭性喷发后庞贝城中受害者的石膏像。

普林尼的侄子讲述了他叔叔的故事：

"他匆忙赶往众人纷纷逃离的地方……火山灰已经开始掉落，越来越热，越来越厚……紧接着是浮石碎屑和被火焰烧焦、爆裂的黑石。突然，他们脚下出现了一片浅水，因为河岸被山石碎屑堵住了。"

之后，他写道：

"维苏威山上，大片的火海和跳跃的火焰在几处燃烧，黑夜的映衬下明亮的火光更加夺目。我叔叔为了减轻同伴的恐惧，一再解释说那只是乡下人因为害怕没来得及扑灭的篝火，或是废弃地区的空屋子着火了……这时，屋外的庭院里已经满是火山灰和浮石，高度在逐渐上升，如果他再不走，就永远出不来了……

古物插画：正在喷发的维苏威火山口。

庞贝古城遗址，背景是维苏威火山。

"他们争论着是该留在室内还是找机会从缺口处逃出，因为整栋屋子正剧烈地晃动着，似乎在左右摇摆，就像已经被就地拔起了一样。外面，掉落的浮石很危险，但是又轻又多孔。比较之后，他们决定选择逃出去……他们每人头顶枕头、身缠亚麻布护身，抵御落物。"

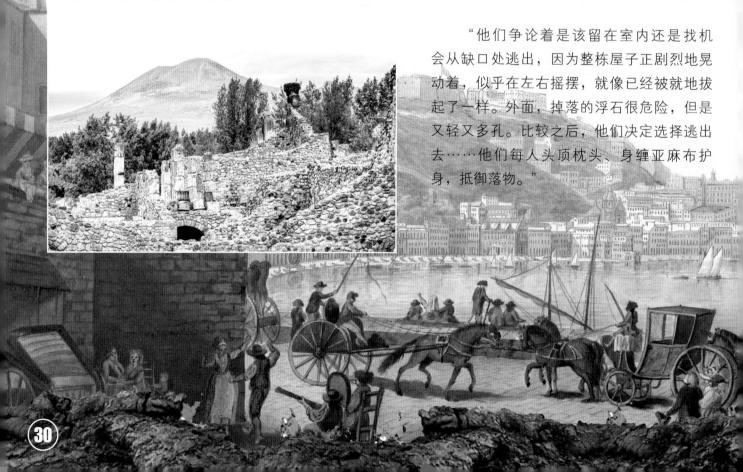

"此时其他地方已经出现曙光，但他们仍身处黑暗，比平常任何一晚的夜色都更黑暗、更浓重……我叔叔决定走下河岸，走过去看看有没有可能从海上逃生，但是他发现海浪仍猛烈又危险。他只能在地上铺一张床单躺下休息，只有冷水可以喝。

"那时，火焰和硫黄的味道预示着大火即将到来，其他人都逃走了，还叫醒了他。他站起来，靠在两名奴隶身上，但很快就又倒下了。我觉得他被厚重的浓烟呛得窒息了……

"当26号黎明到来时，他已经过世两天了，他的遗体被发现时，完好无损，穿戴整齐，看着更像是睡着了。"

（节选自小普林尼写给朋友格尼流·塔西佗的信件，描述了他叔叔亲历火山喷发的情形。）

趣 闻

当老普林尼的舵手建议他们放弃救援任务返回时，他拒绝了，说"Fortes fortuna adiuvat!"意思是："命运偏爱勇敢的人！"

你知道吗？

公元79年的维苏威火山喷发给幸存下来的人们带来了精神创伤。通常，即使是在最具破坏性的地震之后，人们也会在灾区重建城市，但是无论赫库兰尼姆城还是庞贝城中，都再无人居住。

火山和天气

皮纳图博山是菲律宾境内一座活跃的复式火山。

火山喷发时，会朝四周的空中喷射出气体和碎屑。其中，火山灰和二氧化硫（或其衍生物）等将射向地球的阳光反射开，能起到降温效果；而二氧化碳等则增强温室效应，导致全球变暖。

大型的火山喷发爆发出的碎屑遮阳蔽日，一直上升到平流层时，能造成强烈的降温。例如，1991年菲律宾皮纳图博火山喷发，之后一年内全球气温明显下降。很难确切地说某次火山喷发后观测到的降温现象是火山活动直接引起，但是对多次火山喷发后全球平均气温变化的研究都表明了两者之间有密切的联系。

根据英国地质调查局和美国地质调查局预测，水下火山和陆基火山喷发每年总计喷射约1亿到3亿吨二氧化碳，这无疑会对全球变暖造成影响，温室气体中仅1%是人类燃烧化石燃料排放到大气层的。

喀拉喀托火山岛坐落于爪哇岛和苏门答腊岛之间的巽他海峡。

通常，一座火山喷发后最先发挥的作用是降温效果，而变暖影响会在较长一段时间后才显现。

因此，火山喷发对全球气温的影响作用取决于时间跨度，例如，2016年一次大的火山喷发可能导致2017年气温显著下降，而2100年气温轻微回暖。

坦博拉山轮廓，一座活跃的复式火山，印度尼西亚松巴哇岛的最高峰。

全球变暖效应正引发冰盖融化。

地球外的火山

事实上，我们太阳系里最大的火山在火星上！火星上的奥林匹斯山宽达600千米，高达21千米（高度几乎是喜马拉雅山的三倍）。

海王星的冰冷卫星崔顿是冰火山所在地。

科学家认为，火星上的火山比地球上的要大得多，因为火星与地球不同，火星没有活动的地壳，因此上升的岩浆持续向火星表面的同一区域喷发，久而久之，就堆积出一座巨大的火山。

尽管目前为止人们还没有在火星上看到过火山喷发，但有科学家相信未来会多次发生。火星上覆盖着巨大的熔岩区和高大的火山，都是火星地质活动温床期遗留下来的。

1000多座火山遍布金星表面。尽管我们无法穿透金星浓密的大气层看到这些火山，但是科学家们已经能够使用雷达成像技术研究金星表面，并发现金星是太阳系中拥有火山数量最多的行星。

科学家们相信金星上的火山最近有过活跃迹象，也有科学家认为有可能金星表面现在就有正在活动的火山。

金星上的萨帕斯火山影像。

木星的卫星之一，艾奥（木卫一）也是火山密布，由于火山活动太过频繁，艾奥的表面变化不断。这是人类第一次在地球之外发现正在喷发的火山。

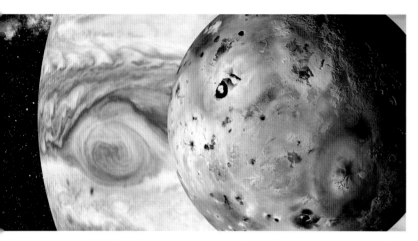

|木星的卫星之一，艾奥（木卫一）也是火山密布。

美国国家航空航天局（NASA）的旅行者1号宇宙飞船在1979年首次近距离拍摄了艾奥的照片，展现了它地表的一次巨大喷发。从这些图片上看，艾奥上不仅有火山，而且这些火山还是活的！这是第一次在地球以外的星球上，发现正在喷发的火山。

海王星的冰冷卫星崔顿（海卫一）是冰火山所在地，崔顿的地壳由冻结的氮组成，吸收太阳的热量，热量又使崔顿地壳表面下的氮、水和氨变暖，从而使氮变成气体。随着压力的增高，气体穿过地表喷射而出，氮气和冰形成间歇泉状的喷发，氨和水形成熔岩状的流动。

崔顿的冰火山位于我们太阳系遥远的外层空间，是我们所知的最远的火山喷发。

像艾奥卫星一样，土星的小卫星恩克拉多斯（土卫二）也是冰火山所在地，能喷发出美丽的冰晶，可以通过遥远的航天器看到。

恩克拉多斯是土星的第六大卫星，直径约500千米，大小约为土星最大的卫星泰坦（土卫六）的十分之一。

地震

地表里突发的岩石运动，释放出积聚的压力。

如我们所知，地壳分裂为几个不规则的板块，板块漂浮在上地幔层上，像一套拼图一样拼在一起。

救援队等待一栋建筑被支撑起来后再进去。建筑物受地震影响变得松动，可能在震后的某个时间倒塌。

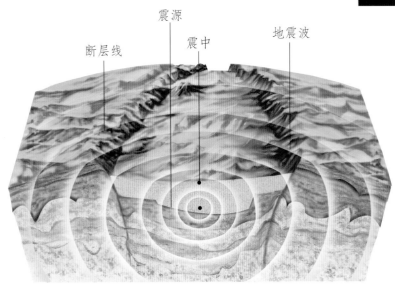

断层线　　震源　震中　　地震波

板块运动引发的压力有时会造成脆性岩石破裂，形成地表的断层或薄弱地带，这些地区又会出现更多的运动和破裂。

板块的不断运动导致压力积聚在断层和板块交界处，进而引发岩石滑移，快速释放压力，造成地震。

岩石滑移的起始点被称作震源，通常在地下5千米到15千米处。

震源正上方对着的地面被称作震中。

地震波从震源向四面八方传播。

地震图片

地震造成巨大的破坏。

震源放射出不同类型的地震波，每种地震波穿过岩石时，会引发岩石产生略微不同的运动。

地震初至波（P波），又称纵波，挤压和拉张它们穿过的岩石；而续至波（横波，S波）使岩石同时产生上下左右振动。

另一类型的地震波叫面波，又以不同的方式震动地球。不是每次地震都会产生面波，而一旦出现，就会对震中以外很远的地方都造成破坏。

地震救援队使用热成像摄像机定位被困在瓦砾堆里的幸存者。

海啸

海啸是由于沿海地区海底或陆地的大地震或火山喷发形成的海浪。许多海啸的海浪很小，但是当海浪涌上岸边浅水区时，会骤然升高，引发破坏性的洪水，造成严重破坏。

当地震引起海底地面沿断层抬升和下降，或是当火山喷发时部分塌陷落入大海，都会产生地层移动的动力，从而在海面形成海啸。

在外海上，海啸的波浪和普通海浪一样起伏不大，但却以极快的速度（大约每小时800千米）向四面八方传播。

像所有的海浪一样，海啸进入浅水区后，速度放缓，高度增长。

接近海岸时海啸的波高急剧增长。

由于海啸在高速推进中速度突然放缓，波高就急剧增长，形成水墙，摧毁堤岸。

海啸造成的巨大破坏

海岸的形状和水深都会影响海啸的波高，有的非常小，而有的却能达到50米的惊人高度。

火山喷发和地震的监测

人类目前还不能阻止地震和火山喷发，不过科学家们一直在努力研究断层和火山的监测方法。监测方法越准确，科学家们就能更好地预测出这些自然灾害发生的时间。预先获得信息，人们就能提前撤离将发生灾害的地区，人们遭受的损失就能降到最小。

地表监测

在地震或火山喷发前，由于压力在断层的岩石上积聚，或是火山里的岩浆上升，地面的高度和形状会发生变化。科学家能够使用几种高灵敏度的仪器监测到这样的地表活动，倾斜仪就是其中一种，它能够测量地面高度微乎其微的变化。

火山颤动

火山喷发前几天甚至前几周时地面发生的持续震动，被称为火山颤动。科学家们认为火山颤动是由火山内部岩浆和气体的活动引起的。随着岩浆体积的增加，压力在火山的岩浆房里积聚，引发周围岩石（围岩）的压力变化；随着压力的增加，围岩断裂，发生地震。火山颤动和地震通常是可能发生火山喷发的警报信号。

火山学家必须时常探访火山口，收集岩石和气体样本做研究。

"阿波罗号"执行登月任务时首次发现月震，月震比地震要微弱得多，因为与地球炽热的核心不同，月核温度低，月幔是固体的。

阿拉斯加是世界上最容易发生地震的地区之一，一年中有记录的大大小小的地震达4000多次。

趣 闻

科学家使用尖端的技术来预测地震，但是中国人的研究表明一些动物可以靠本能预知地震的到来。狗、老鼠、蟾蜍、甚至鸟儿都对地面的震动敏感，会在地震来临前变得焦躁不安。

你 知 道 吗？

1975年，就在中国海城地震前几小时，动物预警使得人们及时疏散。
研究火山（volcanoes）的科学家被称作"火山学家（volcanologists）"，而研究地震（earthquakes）的科学家被称作"地震学家（seismologists）"。

激光

科学家可以使用激光来测量断层或火山斜坡上的地面变化，从而探测到地表的微小活动。激光测距仪的一束激光对准远处的反射物，光被反射回来，一部小型计算机测算出光束移动的距离。这一过程就是光电测距，非常精确：在1千米外就能探测出只有1毫米的地面高度变化。

人们相信动物能够在地震前有所察觉。公元前373年，就在希腊海利斯城发生毁灭性大地震的前几天，老鼠、蛇和臭鼬成群地逃出城去。

人造卫星监测

环绕地球运行的人造卫星能够通过探测地表温度变化来监测火山，因为岩浆上涌会使地表变热。探测到的信息被传送到处理中心，在那里转变成地表的图片。

火山和地震 知识点

HUOSHAN HE DIZHEN

- **余震**：大地震之后由于岩石移动而发生的小地震。

- **玄武岩**：熔岩冷却后形成的一种黑色火山岩。

- **气候变化**：一定地区里长时间内天气形势中记录的主要变化。

- **大陆**：地壳被划分成的大片陆地。

- **地核**：地球的中心部分，极热，以熔岩的状态存在；由大量的铁组成。

- **地壳**：地表层，由巨大的板块组成，漂浮在地幔炎热的液体岩石上。

- **碎屑**：岩石或其他物质的碎片。

- **地震**：地壳中岩石的突然移动，释放出积聚的压力。

- **震中**：震源正上方的地面。

● **疏散**：从危险的地方转移到更安全的地方。

● **断层**：由板块运动引起的地表裂缝。

● **火山喷气孔**：地面上释放火山气体的通道。

● **地质学家**：研究地球起源、历史、结构和组成的科学家。

● **地热能**：来自火山岩的热能，有时用来发电。

● **间歇泉**：热水和蒸汽喷泉，来自地下加热的水。

● **全球变暖**：全球气温上升，被认为是温室效应的结果。

● **花岗岩**：浅色、粗糙的火成岩，是岩浆在地壳下冷却凝结而成。

● **温室效应**：热量被截留在地球大气层中。

● **热点**：地表上被炽热的岩浆流灼烧的区域。

● **温泉**：在地下加热后涌上地表的一片热水区域。

● **火成岩**：岩浆（熔化的岩石）冷却、固化形成的岩石。

● **火山泥流**：火山喷发后从火山上流下的火山灰、火山岩、融冰和雪的混合物。

● **熔岩**：喷发到地表上的岩浆。

● **岩浆**：熔化的地下岩石，是地幔的一部分。

● **地幔**：地球内面积最大的一层，位于地壳和地核之间。

● **枕状熔岩**：火山熔岩硬化成一种拉长的、枕头形状的构造，通常在水下形成。

● **浮石**：充满了气体的熔岩迅速冷却形成的很轻的、有许多气孔的火山岩。

● **火山碎屑流**：热蒸汽、火山灰、岩石和尘埃混合物。

- **地震波**：从震源产生向四周传播的冲击波。

- **地震仪**：记录地震波的仪器。

- **地震学家**：研究地震的科学家。

- **火山碎屑**：火山喷发时喷射到空中的固体物质。

- **倾斜仪**：通过跟踪岩浆平面的上升或下降来测量火山膨胀的仪器。

- **海啸**：通常由海底地震引起的巨大海浪，偶尔也会由海底滑坡和火山喷发引起。

- **火山口**：地表上岩浆、火山气体或蒸汽喷发的通道。

- **火山**：由岩浆喷发形成的地表上的通道。

- **火山学家**：研究火山的科学家。

集知识性与趣味性于一体，兼具科学的严谨性和生活的多样性！唤醒孩子们对科学的兴趣，激发他们探求科学知识的热情！本书特别适合父母与 3～6 岁的孩子亲子阅读或 7～12 岁的孩子自主阅读。

图书在版编目（CIP）数据

火山和地震/英国North Parade出版社编著；段晓丽译.一昆明：晨光出版社，2019.6
（小爱因斯坦神奇星球大百科）
ISBN 978-7-5414-9311-9

Ⅰ．①火… Ⅱ．①英… ②段… Ⅲ．①火山—少儿读
物②地震—少儿读物 Ⅳ．①P317-49②P315-49

中国版本图书馆CIP数据核字(2017)第322576号

著作权合同登记号 图字：23-2017-117 号

HUOSHAN

HE DIZHEN

火山和地震

（英）North Parade 出版社◎编著
段晓丽◎译

出版人	吉 彤
策 划	吉 彤 程舟行
责任编辑	贾 凌 李 政
装帧设计	唐 剑
责任校对	杨小彤
责任印制	廖颖坤
出版发行	云南出版集团 晨光出版社
地 址	昆明市环城西路609号新闻出版大楼
发行电话	0871-64186745（发行部）
	0871-64178927（互联网营销部）
法律顾问	云南上首律师事务所 杜晓秋
排 版	云南安书文化传播有限公司
印 装	深圳市雅佳图印刷有限公司
开 本	210mm×285mm 16开
字 数	60千
印 张	3
版 次	2019年6月第1版
印 次	2019年6月第1次印刷
书 号	ISBN 978-7-5414-9311-9
定 价	39.80元

凡出现印装质量问题请与承印厂联系调换